EXPOSÉ

# D'UNE EXPLOITATION

## AGRICOLE & INDUSTRIELLE



## EN ALGÉRIE

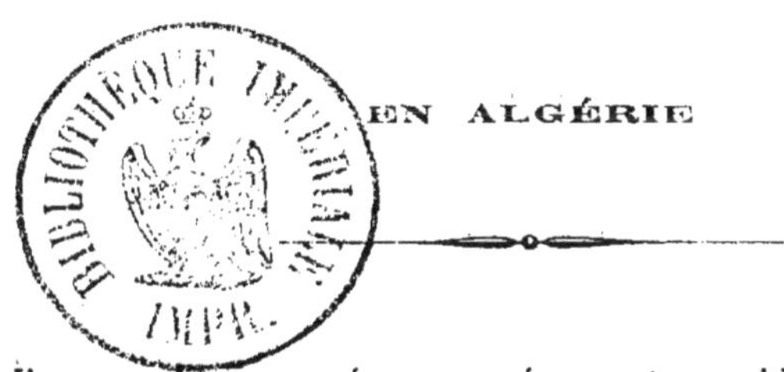

Il y a quelques années que, résumant mes idées sur la colonisation algérienne, son avenir et ses ressources, j'en faisais reposer le succès le plus certain, le plus immédiat, sur l'élevage du bétail. Loin de s'être affaiblies depuis, mes convictions, à cet égard, n'ont fait que recevoir du temps une confirmation nouvelle.

Les terres, à cette époque, ne se vendaient point; elles ne se donnaient pas non plus : *elles se concédaient*.

L'expérience a démontré ce qu'on peut attendre de ce mode d'aliénation, qui, certainement bon en lui-même, mais fatalement vicié par la pratique, n'a guère été jusqu'ici, pour le colon comme pour l'État, qu'une source d'amères déceptions.

Aujourd'hui, les terres se vendront; c'est un progrès immense dans ce sens que, dégageant de part et d'autre les situations, il sauvegarde et favorise tous les intérêts, ceux des colons et des indigènes, comme ceux de l'État, qui, bien que nominalement distincts, finissent par s'identifier, et, en dernière analyse, ne font qu'un. Or, les terres se vendant, elles se pourront maintenant acheter, non-seulement des Domaines, mais aussi des

indigènes, auxquels il n'avait pas été jusqu'ici permis de disposer des leurs.

J'entrevoyais ce progrès qui, réclamé par les indécises et languissantes allures de la colonisation, ne pouvait se faire longtemps attendre de la sagesse gouvernementale.

Avec la faculté d'obtenir des terres par la voie d'acquisition, plus de ces conditions onéreuses et gênantes, dont le moindre inconvénient est d'entraver la liberté du possesseur. La terre est à lui : il en dispose quand et comme bon lui semble, sans avoir à suivre d'autres impulsions que celle de son intérêt privé, — l'intérêt privé, le mobile de tout succès, le véritable agent colonisateur, le seul vrai, le seul fécond, puisqu'il est le seul vivant, le seul puissant.

Il ne s'agit plus dès lors, si l'on veut imprimer à son action tout le développement dont il est susceptible, que de lui assurer l'appui des capitaux et des travailleurs. Ne parlons pas des travailleurs quant à présent, ils suivent toujours le capital. Mais, pour attirer le capital, que faut-il ? Lui démontrer ce qu'il y aurait de patriotique et de grand dans la colonisation de l'Algérie ainsi entreprise sur une vaste échelle. Ce pourrait n'être pas assez. Le capital, de sa nature et avant tout, est positif. Mais, présenter à son intelligente perspicacité un sommaire exposé des avantages sans nombre qui, pour l'Algérie comme pour la France, pour le capitaliste comme pour le colon, résulteraient de cette espèce de communion morale et sociale dans laquelle le capital entrerait en société avec le travail, c'est ce que je vais essayer de faire.

Pour faciliter la démonstration en chiffres, je supposerai une entreprise s'organisant à cet effet, et voici le programme du mode d'opération que je proposerais :

1° Acquérir, soit de l'État, soit des particuliers, à prix réduits, de vastes terres ;

2° Les utiliser immédiatement, non-seulement à l'élevage, l'amélioration du bétail, mais aussi par les cultures industrielles, tant par la main-d'œuvre européenne qu'à l'aide des indigènes, façonnés progressivement à nos moyens perfectionnés ;

3° Faire appel aux travailleurs de toutes conditions et de tous les pays.

## BUT

COLONISATION AGRICOLE ET INDUSTRIELLE. — ASSOCIATION DU CAPITAL ET DU TRAVAIL. — RÉGÉNÉRER LE TRAVAILLEUR EN LE FAISANT PROPRIÉTAIRE.

J'ai développé, dans un premier travail, mes idées sur la colonisation algérienne; je les maintiens, et, sauf l'émigration européenne dont il n'était pas alors question, mais dont le système actuel assurerait le concours, je n'hésite pas à le répéter :

« La fortune immédiate de l'Algérie est dans l'élève du bétail et « la main-d'œuvre indigène fécondée par l'intelligence et le ca- « pital européen, pour arriver progressivement par l'élevage aux « cultures extensibles ou industrielles. »

## MOYENS

EXPLOITATION AGRICO-PASTORALE.

J'ai passé quelques années de ma jeunesse dans les établissements européens de la Tauride (*Crimée*), où l'*élevage des bestiaux* était organisé sur des bases importantes.

Fondés, il y a environ soixante ans, dans des steppes concédés par la Russie à des émigrés français, dans un pays où le climat est mauvais, les relations difficiles, les voies de communications rares et presque impraticables, la population clair-semée et la végétation restreinte ; ces établissements y ont pourtant pris un développement immense, à tel point que le bétail s'y compte aujourd'hui par millions et que, dans ces steppes jadis déserts, une population d'abord pastorale, puis agricole et industrielle, a enrichi cette contrée de la Russie méridionale.

Depuis dix-huit ans que je suis établi à Oran, je n'ai cessé de considérer l'élevage comme le point de départ et la base constitutive de la colonisation.

En Algérie, aucune des graves difficultés qu'on avait à combattre en Russie : beau climat, belle végétation, position admirable, facilité d'élevage par l'étendue des terres, facilité d'approvisionnement par l'abondance et le bas prix du bétail à l'intérieur, facilité d'écoulement enfin par les incessants besoins des grands marchés de la France et de la Méditerranée.

L'expérience a suffisamment démontré les difficultés sans nombre contre lesquelles ont échoué les colons, qui, tout d'un coup, ont voulu tenter les cultures avancées.

Sans vouloir qu'on rétrograde, je pense que la première condition du succès, lorsqu'il s'agit de coloniser un pays, est d'y observer la marche de la nature, ses tendances, et de s'y rallier autant que possible.

Mais dès le début il faut produire, produire à bénéfice ! Pour cela, il faut immédiatement exploiter la terre ; et tout le monde sait que la richesse réelle des indigènes est dans leurs troupeaux.

## DE L'ESPÈCE BOVINE.

En Algérie, elle est loin d'être aussi mauvaise qu'on le dit.

Elle possède, au contraire, des qualités, des dispositions exceptionnelles pour l'engraissement. On a vu des bœufs, dans les mains des Européens, faisant, en outre de simples labours que leur demandaient les Arabes, un travail annuel continu, s'engraisser rapidement et conserver leur graisse, par cela seul qu'ils avaient des abris, de bons abreuvages, un peu de paille au râtelier.

Il faut à cette espèce des soins intelligents, un choix judicieux dans les reproducteurs, des abris, des abreuvages, un peu de nourriture dans les mauvais jours.

Je n'exclus pas pour elle l'amélioration par les croisements, estimant que ceux dont le caractère se rapprochera de l'ensemble des qualités des bœufs arabes, auront le plus de droit à la préférence.

### DE L'ESPÈCE OVINE.

Elle a essentiellement besoin du croisement pour s'améliorer. Ses qualités pour l'engraissement sont les mêmes que celles de l'espèce bovine. Les mêmes soins aboutiront aux mêmes résultats ; mais la rusticité ne suffit pas. La laine est son plus beau produit.

L'indolence des *Bédouins* a perdu les superbes qualités primitives que l'espèce ovine possédait à un si haut degré, du temps des véritables maîtres de l'Afrique (les Maures). On peut dire qu'elle a dégénéré comme les Maures ont dégénéré.

Qui reconnaîtrait dans les *Bédouins* les descendants des rois de Grenade ?

Qui reconnaîtrait dans les troupeaux arabes la race des mérinos ?

Pourtant le mérinos d'Espagne est originaire d'Afrique (province d'Oran, Tlemcen) ; il fut amené en Espagne par les Maures.

La réussite par le croisement est donc certaine, puisqu'il ne s'agit que de régénérer, dans leur pays originaire, ces races qui en sont sorties pour en enrichir tant d'autres.

La toison arabe pèse, en moyenne, 1 kilogramme, qui, à

80 francs les 100 kilogrammes, donne un produit de..... »f,80 au producteur.

Le métis (1), troisième croisement, a donné 2kil,760, à 200 francs........................................ 5 ,50

Profit de l'amélioration........................... 4f,70

Ce résultat matériel, joint à celui non moins important d'augmenter considérablement le nombre des troupeaux, mérite bien de fixer l'attention des hommes sérieux ; on utiliserait ainsi, immédiatement et avec profit, un vaste pays encore désert.

Que ceux qui savent que la vraie richesse est dans le produit net, calculent, d'après ces données, l'importance de la fortune que peut acquérir l'Afrique française par l'élève du bétail (2).

## DES TROUPEAUX ARABES.

Les grands troupeaux sont dans les mains des Arabes ; ils tendent rapidement à s'épuiser.

Les bêtes arabes souffrent en tout temps :

Avant leur naissance, par le peu de soins donnés à leur mère ;

A leur naissance, parce qu'elle a lieu à toute époque de l'année ;

Après leur naissance, parce qu'on les prive d'une partie du lait ; — le lait fait, sans mesure judicieuse, le fond de la nourriture des Arabes ;

En été, par manque d'abris, de bons abreuvages et de nourriture suffisante.

Le manque d'abris se fait encore sentir pendant les fortes pluies et les longues nuits d'hiver.

(1) Mes expériences sur les troupeaux à Arbal et Temsalmet se traduisent en faits. Leurs produits ont été mis à l'Exposition ; je les vendis pour la Suède à 280 francs les 100 kilogrammes.

(2) Nous n'avons pas à redouter la concurrence étrangère, nos laines sont françaises. La production de la France est bien loin de satisfaire à ses besoins ; elle est tributaire de l'étranger, pour des millions, en achats de laines.

De ces causes réunies découlent le dépérissement des races, la diminution notable dans la production, le renchérissement progressif des prix.

Ces effets s'augmentent par l'accroissement de la population non productive, et la restriction des limites dans lesquelles devront rentrer les tribus, dont la production est déjà loin d'être en rapport avec l'étendue des terres qu'elles occupent.

Il y a dix ans, alors que la guerre, ravageant le pays, paralysait la production arabe, les bestiaux étaient à plus bas prix qu'aujourd'hui.

La paix, en augmentant l'élevage, aurait dû faire maintenir les prix chez les Arabes, sinon les diminuer.

C'est le contraire qui a eu lieu, preuve évidente que la production n'est pas à la hauteur des débouchés.

Cette hausse n'a pas dit son dernier mot.

Un élevage bien entendu augmentera non-seulement la production, mais aussi le prix nominal par tête de bétail, sans que pourtant il en faille conclure à une hausse effective.

C'est que, lorsqu'une brebis se vendra 20 francs au lieu de 12, la valeur de la laine aura doublé.

C'est que le mouton, le bœuf auront gagné 50 pour 100 sur leur poids actuel.

Ces résultats s'obtiendront sans augmentation notable dans les frais; il suffira d'avoir des soins, des abris, un choix judicieux dans les reproducteurs ; ces frais sont proportionnellement bien au-dessous des résultats qu'on obtiendra.

Les Arabes châtrent peu. La castration donne une valeur supérieure en poids et qualité.

### VACHERIE ET BERGERIE.

Une vacherie se monterait au double point de vue du lait et de la reproduction. Elle serait, comme la bergerie, la pépinière des reproducteurs.

Les races du midi du Piémont pour le lait, celles de Bretagne pour le lait et la reproduction, semblent encore les plus convenables, en raison de leurs rapprochements avec les bêtes du pays.

La bergerie se monterait par de bonnes races du Midi, pour arriver, par les croisements, à de bons métis à longue laine.

Les fumiers sont la source de profits incontestables, ils doublent les récoltes ; que les travaux se fassent par les indigènes ou les Européens, ils assurent la réussite des cultures industrielles.

L'élevage des bœufs peut devenir, à un moment donné, une source de revenus sur les transports. Il assure à bon marché ceux de l'opération.

On ne doit pas s'effrayer de l'élevage en grand. On connaît peu d'épizooties sur le bétail indigène : la subdivision des troupeaux les prévient, les soins les écartent.

### MAIN-D'ŒUVRE INDIGÈNE.

L'Arabe peut très-utilement s'employer pour la garde des troupeaux. On peut, en outre, employer sa famille aux minutieux travaux des cultures industrielles.

Il n'est pas normal d'avoir à demander, à grands frais et exclusivement, la main-d'œuvre à l'étranger, quand sur le sol même se trouve une population qui peut être utilement employée, et ne demande qu'à l'être. Or, elle le sera le jour que, dans leur intérêt particulier, *les chefs arabes* ne l'éloigneront plus systématiquement de nous, et qu'on les forcera à respecter les prescriptions qui autorisent l'Européen à avoir chez lui, sans entraves, sans jeux de mots, des travailleurs indigènes.

Ces deux moyens, élevage et main-d'œuvre indigène, qui se ramènent à l'unité, ne sont pas seulement une nécessité pour l'Algérie, ils sont encore une loi de nature que nous voyons écrite dans l'histoire de toutes les colonies, de toutes les agglomérations sociales, et contre laquelle, par conséquent, il ne faut jamais lutter.

Parallèlement à ce système de faire valoir par l'élève du bétail et la culture des terres au moyen des indigènes, on verra se réaliser un autre avantage encore, un avantage immense au point de vue de la conquête :

*L'absorption intellectuelle du peuple conquis par le peuple conquérant* (1).

### DES DÉBOUCHÉS.

On a peu à se préoccuper des débouchés : longtemps encore ils se trouveront dans le pays, principalement sur le littoral.

L'Europe, la France, nous ouvrent leurs marchés. Si l'exportation n'a pas pris de développement, c'est qu'elle ne s'est encore faite que dans des conditions mauvaises, sans installation spéciale pour les transports et sans autres approvisionnements que ceux faits à l'aventure chez les Arabes.

Il faut avoir une réserve, savoir où prendre du bétail reposé, en bon état, au moment même de l'embarquement. L'exportation ne peut se faire par boutades ; elle demande des relations suivies pour la vente. La faire au hasard comme on l'a faite, c'est, pour courir l'incertain, abandonner le positif offert par le pays. Le débouché du bétail sur les marchés de France sera une source considérable de profits certains. Le seul marché d'Aix (Provence) assure un écoulement d'au moins 30,000 moutons et 1,500 bœufs par mois ; que ne doit-on pas attendre des marchés de Paris ! La France est menacée de manquer un jour de bétail.

(1) Dans l'indigène employé à un travail à sa portée, selon ses mœurs, ses habitudes, le colon trouvera le puissant auxiliaire dont il a besoin. En attirant à lui le peuple arabe, en l'amenant successivement à ses usages, à ses progrès, il créera la main-d'œuvre, qui est le nerf du succès ; il civilisera, enfin, par le travail, une population que des circonstances ou des préjugés fatals ont trop longtemps tenue éloignée de nous.

La cherté progressive ne laisse subsister aucun doute à cet égard. Les hommes sérieux s'en émeuvent, et l'on comprend que ce soit là une des questions vitales dont se préoccupe le plus la sollicitude de ceux à qui la Providence a confié les communes destinées de la France et de l'Algérie.

### DES CHEPTELS.

Ici se rattache une considération d'intérêt général. Les ensemencements sont généralement tardifs. Entreprendre d'y pourvoir, c'est travailler pour le bien commun.

Trop souvent les petits colons manquent de moyens pour acheter leurs bœufs en temps utile pour les labours.

Les uns n'en ont pas encore ; d'autres ont été forcés de s'en défaire, comme je l'ai dit au chapitre des achats.

Pendant les labours, les colons soignent leur bétail ; ils le nourrissent, l'abritent ; cela suffit à la bête arabe pour se maintenir en état, pour engraisser.

Donner un cheptel aux colons, c'est se créer un débouché lucratif du bétail d'élevage, c'est cimenter leur bien-être, assurer leur réussite. Cette condition leur manque généralement.

Leur prospérité devient un surcroît de garantie, en sus de celle qu'on est en droit d'exiger de leur moralité, de leur solvabilité.

### EXPORTATIONS.

Sans avoir la prétention de tout dire sur ce chapitre, j'affirme qu'elle peut être une source de beaux bénéfices, d'un double et grand avenir pour la France et pour la Colonie.

Je me borne à indiquer les conditions qui me paraissent essentielles pour l'entreprendre avec réussite.

L'exportation ne peut se faire par boutades ni sans approvisionnements sagement échelonnés : il faut des parcs, des bergeries de réserve.

Les grands marchés arabes sont vers le Sud pour les moutons, sur la frontière du Maroc pour les bœufs. Ce n'est qu'à des époques déterminées qu'ils sont abondamment approvisionnés, à ces époques conséquemment que l'on peut faire des achats lucratifs.

Ces marchés sont éloignés du littoral ; le bétail qu'on y conduit est rarement dans un état convenable pour l'exportation : les longues routes le fatiguent. Je n'hésite pas à répéter que, dans tous les essais qui ont été faits jusqu'à ce jour, les exportateurs se sont placés dans des conditions déplorables ; malgré cela, quelques-uns ont réussi.

Quels avantages n'y aurait-il donc pas à faire le commerce dans de bonnes conditions d'installation, prenant sur les grands marchés des bêtes qu'on pourra soigner en route, qu'on pourra refaire dans les bergeries de réserve ?

Les placements chez les colons, les cheptels, assurent du bon bétail pour l'exportation.

Quels bénéfices ne trouverait-on pas à s'organiser pour les transports par la navigation mixte ? Une marche supérieure n'est pas nécessaire ; il suffit que la traversée s'effectue en quelques jours, sur un navire spacieux, bien aéré, ayant un entre-pont, une installation, enfin, appropriée à cet usage.

Un navire d'environ 300 tonneaux, pouvant porter 500 moutons et 100 bœufs, me semble très-propice. Je calcule un fret brut d'au moins 200,000 francs par an. Il me semble que ce chiffre est assez important pour admettre l'emploi d'un bateau à vapeur à hélice. Sans établir des calculs invariables, je me borne à indiquer l'affaire. En opérant pour son compte sur les produits du pays, l'armement trouvera, en sus du bétail, un aliment assuré pour le navire. N'aurait-on que le fret du bétail à bon marché et le transport dans de bonnes conditions, que cette combinaison vaut la peine d'être étudiée.

## EXPLOITATION AGRICOLE & INDUSTRIELLE.

L'élevage n'exclut pas, au contraire, les cultures industrielles : elles y deviennent, avec le temps, de toute nécessité ; la population arrive avec elles. Je n'en citerai pour exemple que la création des établissements français de la Crimée, qui ont, en quarante ans, d'un steppe désert fait un pays couvert d'habitations.

L'exploitation pastorale, n'étant pas rétrograde, exclut encore moins l'emploi et l'application à l'agriculture des nouveaux procédés et instruments perfectionnés, qui augmentent les chances de succès en simplifiant la main-d'œuvre, dont on est souvent à court dans une colonie naissante.

### DE LA DISTILLERIE.

Je crois devoir indiquer les industries qui, par leur nature, se rattachent utilement à l'agriculture. Je consacrerai donc quelques mots à la distillerie.

C'est une industrie à laquelle, en raison de ses matières premières : orges, blés, maïs, fruits, figues, karoubes, sorgho, cannes à sucre, etc., etc., l'Algérie peut sérieusement songer.

Une distillerie jointe à un élevage de bétail est une opération certaine ; tous les résidus engraissent le bétail. Ne ferait-elle que le pair, que le bénéfice serait encore considérable par l'engraissement ; 100 kilogrammes d'orge qui donnent, je crois, 30 à 35 litres de 3/6, laissent, après la fabrication, un résidu qui équivaut à 50 kilogrammes d'orge naturelle pour nourrir le bétail.

Les autres matières propres à la distillation laissent des résidus à peu près équivalents.

### DES LAVOIRS DE LAINES.

Ces établissements, il faut le regretter, font encore défaut à l'Algérie, qui, pourtant, compte par millions sa richesse lainière. Ils se combinent utilement à un élevage bien entendu ; ils sont une source de bénéfices pour le pays comme pour l'exploitation agricole qui les entreprend dans de bonnes conditions : les eaux des lavoirs sont un riche engrais ; l'assortissage des laines donne une plus-value marchande aux laines en masse ; tout est bénéfice dans l'économie des transports.

### DES CULTURES INDUSTRIELLES.

Les cultures industrielles, principalement celle du coton, appuyées sur la culture pastorale [1], s'entreprendront avec certitude de réussite partout où la terre et l'eau le permettront.

Pour les développer, on devra faire appel aux travailleurs de tous les pays, par l'appât de la propriété qui, sans qu'il leur soit besoin d'autre capital que leur temps et leur industrie, leur serait assuré, par la cession des terres, à de faciles mais sûres conditions.

### ALLOTISSEMENT DES TERRES.

Partager le sol acquis en groupes de 1,000 hectares, dont chacun, selon sa nature, se subdiviserait en :

1° Terres de parcours ;
2° Terres de culture ;
3° Terres irrigables ou industrielles.

Réserver, à portée de chaque groupe, un communal de 400 hectares environ, spécialement affecté au pâturage.

Diviser le reste en compartiments de 10 à 30 hectares, attenant et se succédant dans l'ordre des cases de l'échiquier, de manière

(1) Cotons, tabacs, etc., etc., cannes à sucre, si le rendement répond à la richesse de végétation..... Pas de produits sans fumier, pas de fumier sans bétail, pas de bétail sans élevage sérieux.

à en former deux séries, sous la dénomination de *blanche* l'une, et l'autre *noire*.

Mettre au choix, à la disposition des premiers arrivants, les compartiments de la première série, jusqu'à parfait épuisement.

La première série remplie, la seconde serait, dans les mêmes conditions, mais par voie d'enchère, livrée aux travailleurs.

L'avantage de la première série, pour le coton comme pour la compagnie, serait, non-seulement dans le parcours additionnel des terrains de la deuxième série tant qu'elle ne serait pas occupée, mais aussi, et à la faveur de ces mêmes terrains, dans l'ultérieure faculté, pour le colon, soit de s'agrandir lui-même, soit de s'entourer de parents ou amis.

L'avantage de la deuxième série serait dans la plus-value qu'elle recevrait de sa contiguïté avec les terrains en pleine exploitation de la première.

## CESSION DES TERRES.

J'ai dit ailleurs qu'on ne doit pas se faire illusion sur les immigrants, qu'il ne faut pas compter les voir venir ici pourvus de capitaux.

Les mécomptes de l'immigrant proviennent généralement de l'insuffisance de ses ressources. Séduit par le mirage de la concession, il croit n'avoir qu'à se mettre à l'œuvre en arrivant ; mais il a compté sans les formalités administratives, et s'il n'a pas épuisé son modeste pécule lorsqu'il en obtient l'accomplissement, ce qui lui en reste est bien peu de chose. Etait-il bien en mesure alors de faire face aux *impossibles* conditions auxquelles lui était trop souvent faite cette concession tant désirée ? Je dis *impossible* et je dis vrai, car le nombre de ceux qui les ont réellement remplies, en Algérie, est tellement restreint, que l'énumération en serait facile et peu longue. J'ai fait celles de leurs charges, en voici le résumé :

« Si l'on considère, ai-je dit, qu'il faut que, dès le début, « 50 pour 100 soient dépensés, qu'il faut en outre un capital pour « l'exploitation, pour la nourriture jusqu'aux récoltes, on est forcé « de se demander s'il est beaucoup de colons ayant une mise de « fonds suffisante. »

Si encore c'était tout ; mais il y a les clauses résolutoires !... Hâtons-nous d'ajouter que, avec une judicieuse modération, qui elle-même consacre l'impossibilité de ces conditions, l'État s'est constamment abstenu d'en faire l'application aux colons travailleurs.

Pour affranchir l'immigrant de toutes ces pertes de temps et d'argent qui le démoralisent, pour l'exonérer de toutes ces charges qui l'écrasent, pour le dégager de toutes ces entraves qui le paralysent, il n'y a qu'un moyen, c'est de le faire propriétaire tout d'abord, libre d'user de sa propriété selon les exigences du sol, à son gré, suivant sa capacité, ses moyens et pour le mieux de ses intérêts. Les terres se céderaient donc aux travailleurs à des prix réduits, variant selon la nature du sol, et payables par amortissement, ou d'année en année, par dixième, avec intérêts fixes, remboursables en travail, en produits ou en argent.

### DES TRAVAILLEURS.

Admettre pour colons, sans distinction d'origine, des cultivateurs, des manouvriers, des pâtres, en un mot et autant que possible, des gens faits aux travaux des champs et à la garde des troupeaux.

### CONDITIONS.

Réglementer le prix des terres de manière à le ramener à une moyenne quelconque.

Y construire, au fur et à mesure de leurs cessions, de petits logements et des étables (1).

(1) Voir le tableau récapitulatif. Ces constructions ne sont qu'en prévision.

Donner à chacun des travailleurs, selon son aptitude, des terres de parcours, de labours ou d'irrigation, par lots d'une étendue proportionnée à sa force personnelle ou collective, suivant qu'il est seul ou chef de famille.

Leur faire les avances indispensables, soit en nature, soit autrement.

Les faire chepteliers et métayers, jusqu'à entière libération du prix des terres, des constructions et des avances en nature.

« Les cheptels assurent la réussite des exploitations agricoles;
« le métayage permet de suivre le travailleur. »

Le travailleur devient ainsi immédiatement propriétaire, et reste, vis-à-vis de la société, débiteur de :

| | | |
|---|---|---|
| 1° La valeur des terres, soit 20 hectares à 100 fr., je suppose | 2,000 | » |
| 2° Valeur des constructions | 4,000 | » |
| 3° Matériel et semences | 500 | » |
| | 6,500 | » |
| Intérêts, somme ronde (1) | 2,000 | » |
| Total (2) | 8,500 | » |

Payable en 11 ans, en 10 annuités, soit 850 francs par an, à peine le fermage le plus ordinaire ! et, à ce prix, le colon devient propriétaire définitif des terres, des constructions, du matériel,

(1) Mon calcul repose sur une moyenne de cinq ans, à 6 pour 100, en chiffre rond 2,000 francs; la différence doit être maintenue pour faire face aux frais d'achats supportés par l'acheteur.

Je dis onze ans, dix annuités, réservant la première année pour le remboursement des avances en nourriture, frais, etc., etc.

(2) Les chiffres que je pose ne peuvent pas être invariables; je ne les adopte que pour faciliter la démonstration pratique.

et du cheptel par le croît. Il n'est pas possible, ce me semble, de lui offrir, avec plus de facilités, autant d'avantages et de si puissants encouragements.

Pour assurer au capitaliste les garanties et la juste rémunération qu'il est en droit d'attendre de son commandité travailleur, celui-ci demeure jusqu'à parfaite libération :

Débiteur hypothécaire et propriétaire indivis du lot cessionné, tout en demeurant cheptelier et métayer dans l'exploitation [1].

Le *travailleur* a donc gratuitement terres, maison, étables, matériel, semences, nourriture, bestiaux, engrais, et cela à la seule condition de rembourser, à longs termes, par son travail, les avances qu'il a reçues.

N'est-ce pas là un moyen de moraliser le travail et d'amortir le paupérisme ? Mais n'est-ce pas surtout la solution du problème jusqu'ici irrésoluble de la colonisation en Algérie ? N'est-ce pas la plus infaillible combinaison pour l'amener, enfin, à la réalisation des promesses que j'ai cru pouvoir faire ailleurs, au nom de cette terre si féconde et cependant si fatalement méconnue ?

« Viande, blé, laine, coton, voilà ce que la Colonie peut offrir « immédiatement à la France, et cela dans des proportions à finir « par l'affranchir, un jour, de l'onéreux tribut qu'elle paye à « l'étranger sur ces produits de première nécessité.

« La terre en droit de promettre ainsi, n'est donc pas une terre « déshéritée ; disons, au contraire, que c'est une inépuisable mine « qui, par la nature de ses rendements, est d'une bien autre im- « portance politique et sociale que les mines, proprement dites, « les plus riches et les plus abondantes ; car elle renferme dans « son sein, pour elle-même, comme pour la France, la solution « de l'important problème *de la vie à bon marché*, solution cherchée « depuis si longtemps par tous les hommes sérieux, et dont ne « cesse de se préoccuper la sollicitude Impériale. »

[1] Les actes comprendront les garanties que la loi accorde et qu'on est en droit d'exiger.

### RÉSULTATS PROMIS AU CAPITAL.

Ces résultats ou bénéfices découlent :

De l'élevage des troupeaux sur la généralité des terres, ce qui utilise immédiatement le capital consacré à leur acquisition;

De la différence du prix de cession au prix de revient des terres, et des eaux d'irrigation cédées aux travailleurs, dans les conditions susénoncées;

Du produit des cultures diverses ;

Des intérêts des avances ;

Du produit du cheptel;

Du produit du métayage ;

De l'exploitation des terres non encore cessionnées;

Des vacheries, de l'élevage, de la spéculation sur le bétail par l'exportation, s'il y a lieu de l'entreprendre, aux conditions indiquées dans les notes particulières ; en un mot, de toutes les industries agricoles énoncées dans ce travail d'ensemble ;

De l'achat des produits du sol : grains, laines, revendus sur place ou exportés sur les grands marchés d'Europe;

De la plus-value des terres améliorées par le travail des colons, lesquels auraient, dans une certaine limite, la faculté de cultiver les terres contiguës aux leurs, tant qu'elles seraient libres.

Voilà l'idée, reste à faire la démonstration.

### DÉMONSTRATION EN CHIFFRES DES RÉSULTATS DE L'OPÉRATION [1].

Comme ce serait méconnaître la haute sagesse de l'État que de douter de ses dispositions à favoriser une entreprise de ce genre, on peut hardiment admettre qu'il s'y prêtera par la cession, à prix réduits, de ceux des terrains lui appartenant, qui seraient à la

(1) Voir le tableau récapitulatif.

convenance d'une société s'organisant dans ce but. On peut avoir la même certitude d'acheter des terrains des particuliers, qu'il serait, en ce moment, facile d'obtenir à des conditions avantageuses.

Je supposerai, afin d'asseoir les calculs, une société constituée pour douze années, au *capital de* 800,000 *francs*, et opérant, tout d'abord, sur une étendue de 3,000 hectares disponibles, et 2,000 hectares, achats prévus en ce moment [1].

Je forme de ces 5,000 hectares trois catégories principales, savoir :

2,000 hectares de parcours et communaux ;

2,000 hectares à céder aux premiers arrivants ;

1,000 hectares à céder ultérieurement, mais immédiatement utilisés, tant par les cultures que par les troupeaux.

Pour faciliter la démonstration pratique de l'opération, j'ai dû dresser un tableau synoptique, que je place à la fin de cet exposé, et j'ai pensé qu'asseoir l'opération sur une progression constante du bétail, pendant les douze années de sa durée, serait s'exposer à des mécomptes. Afin de les éviter, je divise l'exploitation en deux périodes de cinq ans, laissant ainsi en dehors deux années, dont les produits sont destinés, non-seulement à faire face aux éventualités, mais aussi à racheter l'établissement de la perte du temps nécessaire à sa complète organisation [2].

Je décompte les recettes en :

Produits par l'exploitation directe ;

[1] Ces chiffres ne sont pas restrictifs. Une société se créant sur ces bases pourra, en augmentant son capital, étendre son cercle d'action, et aborder même les adjudications des terres domaniales qui se préparent. Ce mode d'aliénation des terres paraît irrévocablement adopté par l'administration.

[2] J'abaisse de suite le rendement au minimum, tout en élevant les dépenses au maximum : pour les cotons, par exemple, je suppose un produit brut de 600 kilogrammes à l'hectare, à 150 francs au lieu de 230 francs, prix actuel, soit 900 francs au lieu de 1,380 francs, desquels je défalque 600 francs pour frais, et je ne chiffre que sur un rendement de 300 francs à l'hectare.

Produits par l'exploitation indirecte ;

Produits par la cession des terres.

Et j'arrive à un résultat de 3,000,000 francs contre un capital nominal d'entrée de 800,000 francs, mais dont, en réalité, par l'opération restreinte que j'ai chiffrée, le capital roulant seulement employé sera d'au plus 3 à 400,000 francs.

Sextupler son capital, ne faire même que le tripler, en colonisant efficacement l'Algérie, en moralisant le prolétaire par l'attrait et le bien de la propriété ; tel est le but, tels sont les avantages qui s'y rattachent.

Puissé-je ne pas me faire illusion, en espérant qu'ils seront trouvés de nature à obtenir quelque attention de quiconque a sérieusement à cœur les intérêts combinés de *la France et de l'Algérie*.

Oran, 1863.

CH. BONFORT.

Paris. — Typographie HENNUYER ET FILS, rue du Boulevard, 7.

## TABLEAU SYNOPTIQUE ET RÉCAPITULATIF

**Ou résumé en chiffres d'une opération agricole, pastorale, industrielle, en Algérie**

### (1) FONDS CAPITAL D'ENTRÉE

**Exploitation directe.**

| | | | Fr. |
|---|---|---|---|
| Immeubles | Évaluation des établissements principaux, offerts pour première base d'opération | 300,000 | 400,000 |
| | Nouveaux achats prévus | 100,000 | |
| Cheptels | 2,000 têtes, espèce ovine, à 12 fr., chiffre rond | 25,000 | 100,000 |
| | 700 — bovine, à 70 fr., — | 50,000 | |
| | Augmentation du bétail, vacherie, imprévu | 25,000 | |
| Cultures | Avances d'exploitation, approvisionnement, matériel | 50,000 | 100,000 |
| | Développement des cultures et imprévu | 50,000 | |
| | | | 600,000 |

**Exploitation indirecte.**

| | | | Fr. |
|---|---|---|---|
| Pour 10 familles de métayers | Établissement des fermes selon devis, à 4,000 fr. | 40,000 | 60,000 |
| | Cheptels à raison de 30 brebis, 20 bouvillons, 2 bœufs de travail, 1 vache, à 1,000 fr. | 10,000 | |
| | Avances, matériel, semences, imprévu, à 1,000 fr. | 10,000 | |
| Réserve (2) | Fonds de réserve en prévision du développement de l'opération sur 5 à 6,000 hectares d'achats prévus | | 140,000 |
| | Fonds capital d'entrée | | 800,000 |

(1) Ces chiffres ne sont adoptés que pour faciliter la démonstration pratique de l'opération.
(2) Cette réserve est particulièrement en vue des opérations industrielles, importation, exportation, sous-cheptels, etc., etc.; s'il y a lieu d'y donner suite, ainsi qu'il est indiqué dans l'exposé général qui précède. — *Mémoire.*

### (1) FONDS CAPITAL DE SORTIE.

**Résultats de l'exploitation directe.**

En suivant la progression du croît et des rendements indiqués par les auteurs les plus compétents, tels que : Daubenton, Chambon et Vinde, il est démontré que, dans une période de six montes (5 ans), un troupeau de 2100 têtes espèce ovine, aura produit 400,000 fr.; j'adopte des chiffres infiniment plus modestes, et j'ai pensé qu'asseoir les calculs sur une progression constante du bétail serait s'exposer à des mécomptes, je divise donc l'opération en 2 périodes de 6 montes et, compensation faite de la mortalité par le croît, j'admets, pour le bétail, dont le renouvellement peut se faire tous les trois mois, seulement sur :

| | | | | Fr. |
|---|---|---|---|---|
| Cheptels | 5,000 têtes espèce ovine, un rendement de 6 fr. | 30,000 | 100,000 | 193,500 |
| | 2,000 — bovine, — 30 | 60,000 | | |
| | Produit des vacheries, bergeries, animaux de reproduction | 10,000 | | |
| Cultures | Ordinaires, céréales et autres, sur 300 hect. à 50 fr. | 15,000 | 85,000 | |
| | Industrielles, cotons (v. p. 19), sur 200 — 300 | 60,000 | | |
| | Produit des jardins, plantations vignes, etc., sous-locations | 10,000 | | |

**Résultat de l'exploitation indirecte.**

| | | | | Fr. |
|---|---|---|---|---|
| Métayage | Produit de 400 têtes ovines à 5 fr. 2,000 / — 200 têtes bovines à 25 fr. 5,000 } 7,000 f. la 1/2. | 3,500 | 8,500 | |
| | Produit des diverses cultures de compte à 1/3, au lieu de compte à 1/2, avec les métayers à 500 fr. par famille et pour 10 métayers | 5,000 | | |
| | Et pour les 2 périodes de 6 montes calculées (10 ans) | | | 1,935,000 |

**Produit des domaines.**

| | | | | | | Fr. |
|---|---|---|---|---|---|---|
| 5,000 hectares de terres acquises. | 1 catégorie, 1,000 hectares revendus à la moyenne de | | | 100 fr. | 100,000 | 810,000 |
| | 2 — 2,000 | — | — | 150 | 300,000 | |
| | Défrichées, 500 | — | — | 400 | 200,000 | |
| | Irrigables, 300 | — | — | 500 | 150,000 | |
| | Pacages, 1,200 | évalués | — | 50 | 60,000 | |
| Capital d'entrée. | Les recettes n'étant chiffrées que sur les résultats, le capital primitif, moins 200,000 fr., valeur attribuée aux terres d'entrée, augmenté d'autant le capital de sortie, soit de | | | | | 600,000 |
| | Total des recettes dans les deux périodes (10 ans) | | | | | 3,345,000 |
| | Que je réduis, pour ne rien donner à l'imprévu, de 34,500 fr. par annuité, soit pour 10 ans | | | | | 345,000 |
| | Fonds capital de sortie | | | | | 3,000,000 |

Je laisse en outre en dehors et pour mémoire :

1° La plus-value des propriétés acquises et obtenues pendant la durée de l'opération; celles des jardins et plantations, des constructions, améliorations, canaux d'irrigation, dessèchements, sources, chutes d'eau, etc.
2° Le produit de l'exportation du bétail, celui de l'introduction des instruments perfectionnés, machines, etc., etc.; lavoirs de laines, sous-cheptels, etc., etc., etc. — *Mémoire.*

Paris. — Typ. Hennuyer et fils, rue du Boulevard, 7.

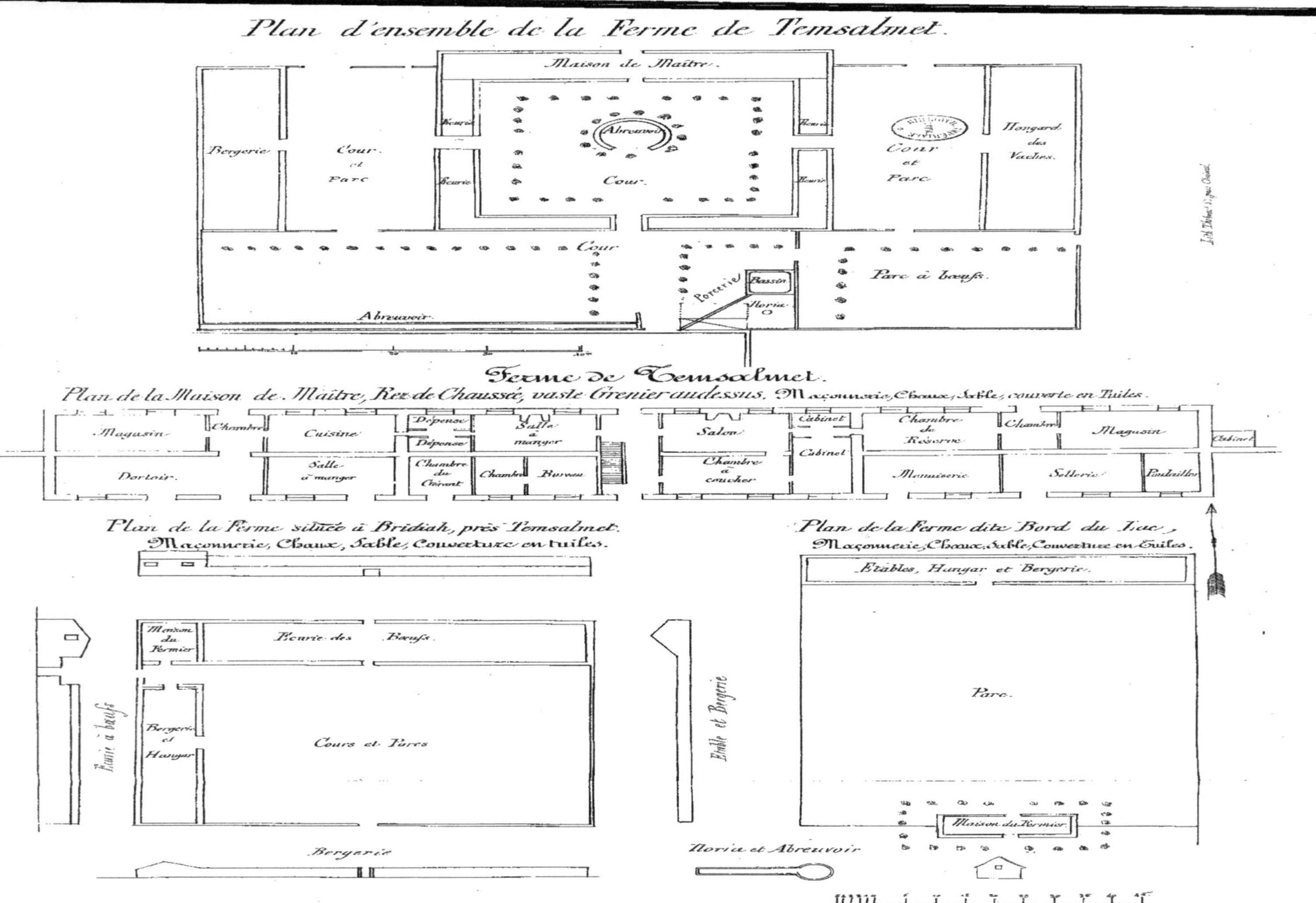

Plan d'ensemble de la Ferme de Temsalmet.
Maison de Maître.
Bergerie
Cour et Parc
Ecurie
Abreuvoir
Cour.
Hangard des Vaches.
Cour et Parc
Cour
Porcerie
Bassin
Noria
Parc à bœufs.
Abreuvoir.
Ferme de Temsalmet.
Plan de la Maison de Maître, Rez de Chaussée, vaste Grenier au dessus, Maçonnerie, Chaux, Sable, couverte en Tuiles.
Magasin
Chambre
Cuisine
Dépense
Dépense
Salle à manger
Salon
Cabinet
Cabinet
Chambre de Réserve
Chambre
Magasin
Cabinet
Dortoir.
Salle à manger
Chambre du Gérant
Chambre
Bureau
Chambre à coucher
Menuiserie
Sellerie
Poulailler
Plan de la Ferme située à Bridiah, près Temsalmet.
Maçonnerie, Chaux, Sable, Couverture en tuiles.
Maison du Fermier
Ecurie des Bœufs.
Bergerie et Hangar
Cours et Parcs
Ecurie à bœufs
Bergerie
Etable et Bergerie
Noria et Abreuvoir
Plan de la Ferme dite Bord du Lac,
Maçonnerie, Chaux, Sable, Couverture en Tuiles.
Etables, Hangar et Bergerie.
Parc.
Maison du Fermier

# Plan Général
des Propriétés
de Mr. Ch. Bonfort
situées sur les Territoires
de
Terziza, Bredia & Temsalmet

Echelle de 1 à 20,000.

Légende.

Limites des Propriétés Bonfort

Fraction des Smélas

Territoire d'Aïn-Dahlia

Réserve forestière

Territoire de Mr Saleh

Territoire de Terziza

Propriétés appartenant aux indigènes

Territoire de Miserghin

Miserghin

Territoire de Tlemcen

Territoire indigène de Bredia

Route d'Oran

Territoire de Bou-Tlélis

Route

Bou-Tlélis

Bredia

Chemin de Bou-Tlélis

Terres de Culture

GRAND LAC SALÉ OU S

Lith. Thibaut, 14, pas. Choiseul.

# COMPAGNIE AGRICOLE ORANAISE

SOCIÉTÉ A RESPONSABILITÉ LIMITÉE.

3° L'achat en bloc de terrains urbains et ruraux, pour les céder, soit après les avoir mis en valeur, soit immédiatement, en les allotissant;

Les soussignés :

MM. Ch. Bonfort, propriétaire, à Oran ;
Ed. Dervieu ✻, banquier, à Alexandrie;
E. Didier, négociant, à Paris;
G. Dervieu, négociant, à Paris ;
Vicomte Garbé ✻, ancien préfet d'Oran, propriétaire en Algérie;
Abd$^{m}$ Rouchdy, propriétaire, demeurant à Paris;
F. Barry, propriétaire, demeurant à Paris;

Réunis en comité d'organisation, formant ainsi entre eux un Conseil d'administration provisoire, ont arrêté les bases d'une Société à responsabilité limitée, sous la dénomination de *Compagnie agricole oranaise*, dont la direction, sauf confirmation par l'Assemblée générale, est confiée à M. Ch. Bonfort. L'exploitation embrassera d'abord les vastes propriétés de Temsalmet et Bredeah, mises dès à présent par lui à la disposition de la Société.

Les vastes domaines de Temsalmet et de Bredeah, qui sont proposés pour première base d'opération, ont mérité de fixer l'attention particulière de S. M. l'Empereur, qui a daigné les visiter en détail à son dernier voyage en Algérie, et exprimer hautement sa satisfaction de tout ce qui y a été créé depuis douze ans à peine.

Ces propriétés sont aux portes d'Oran, sur la grande route de Tlemcen, entre deux principaux centres de population agricole, Miserghin et Bou-Tlélis, dans la plus belle et la plus saine localité des environs.

Elles sont d'une étendue totale d'environ 2,400 hectares, d'excellentes terres de culture et de parcours, en partie boisées.

Elles comprennent des terres arrosables et des prairies arrosées; environ 11 hectares de jardins en plein rapport, de grandes plantations de citronniers et orangers (les seules importantes dans la province), bananiers, amandiers, figuiers, grenadiers, caroubiers, mûriers, vignes, luzernières, etc.

Partout, dans la plaine qui avoisine le grand lac, il existe à très-peu de profondeur une abondante nappe d'eau douce facilement utilisable à l'aide de moyens et moteurs simples et économiques.

Ainsi que de nombreux rapports l'ont constaté, et que des essais en grand l'ont démontré, cette position et ces conditions sont particulièrement favorables aux cultures industrielles, *tabacs, cotons longue soie, lins, sorgho, cultures arborescentes,* etc., etc.

Outre la belle source qui arrose les jardins et les plantations de Temsalmet, il y a, au débouché des ravins dans la plaine, des eaux excellentes, qu'on pourra utiliser directement sur le sol par des travaux peu dispendieux.

En amont, dans ces ravins, l'eau coule sur le sol, notamment dans ceux de Ain-Dhalia, Bouyakour, Oued-el-Kseb, etc., etc., comme l'indiquent les plans à l'appui.

Cette propriété est ainsi privilégiée sous le rapport des irrigations, élément indispensable pour assurer en Algérie des produits constants et à l'abri des vicissitudes atmosphériques.

Elle jouit, en effet, des superbes sources artésiennes, récemment conquises sur les marais de Bredeah (marais entièrement desséchés et assainis).

Ces sources, qui, *en majeure partie*, appartiennent à la propriété, ne débitent pas moins de 20 à 25,000 mètres cubes d'eau douce en vingt-quatre heures, soit 260 litres environ à la seconde.

A Bredeah, sur les 250 hectares de ce domaine, 150 hectares environ sont directement irrigables par les sources qui se trouvent en tête de la propriété.

Les vastes constructions, qui forment quatre grandes fermes principales et qui dépendent de ces domaines, sont bâties à chaux et à sable, couvertes en tuiles et en parfait état d'entretien; avec dépendances, parcs, bergeries, étables, abreuvoirs, bassins, canaux d'irrigation, puits, norias, etc., etc., le tout créé en 1852, en prévision du développement d'une grande opération industrielle agricole et pastorale. Les terrains en bordure sur les deux côtés de la route de Tlemcen, seront allotis pour l'établissement d'un ou de plusieurs centres de population, qui combleront utilement la distance existant entre les villages de Miserghin et Bou-Tlélis.

Ces propriétés appartiennent à M. Charles Bonfort, d'Oran.

Elles sont exemptes de toutes obligations, de toutes charges, de toutes redevances envers l'Etat ; dégagées des lourdes conditions imposées aux concessions, débarrassées des sujétions et des travaux de première installation, dont les dépenses, la perte de temps, sont toujours improductives et souvent une cause de ruine pour les nouvelles créations.

M. Bonfort offre encore de mettre à la disposition de la Société, et à dire d'experts, les troupeaux, le bétail, ainsi que tout le matériel de son exploitation agricole, actuellement en pleine activité.

Dans le voisinage et attenant à ces propriétés, sont de vastes terres arables et des terres domaniales qui permettront d'étendre, dans d'excellentes conditions, l'opération sur au moins 10 à 12,000 hectares tout d'un tenant.

On a ainsi immédiatement la terre, l'eau, les constructions, les bestiaux et les engrais, sans autre charge que la mise en valeur et le développement de l'opération dans le sens de l'exposé ci-joint d'une exploitation industrielle agricole et pastorale, rédigé en 1863 par M. Ch. Bonfort, en vue d'une entreprise du même genre que celle en ce moment projetée.

PARIS, le 8 novembre 1865.

---

**On souscrit chez MM. DIDIER, G. DERVIEU ET C^e^, rue Saint-Lazare, 45, à Paris.**

---

# COMPAGNIE AGRICOLE ORANAISE

SOCIÉTÉ A RESPONSABILITÉ LIMITÉE.

## STATUTS

*Déposés en l'étude de M^e ,
notaire à Paris, par acte du*

### TITRE PREMIER.

**Constitution de la Société. — Objet. — Dénomination. Domicile. — Durée.**

ARTICLE PREMIER.

Il est formé entre tous les propriétaires des actions créées ci-après une Société à responsabilité limitée, régie par la loi du 23 mai 1863.

ART. 2.

Cette Société a pour objet :

1° L'acquisition, soit de l'Etat, soit des particuliers, soit de tous autres, par voie d'achat, échange ou autrement, d'immeubles situés dans la province d'Oran (Algérie);

*

2° L'exploitation et la mise en valeur par défrichement, desséchement, plantations ou de toute autre manière, tant des immeubles ci-après apportés à la Société par M. Bonfort, que de tous autres immeubles dont la Société deviendra propriétaire ou locataire, ainsi que le développement sur lesdits immeubles des cultures industrielles, notamment celle du coton;

3° L'introduction et l'application des nouveaux procédés et instruments agricoles perfectionnés, mus par la vapeur ou autrement, et ce, soit par leur application sur les immeubles de la Société, soit par voie d'achat, revente, location et concessions à des tiers desdits procédés et instruments;

4° L'élevage, l'amélioration des animaux, particulièrement des espèces bovine et ovine, l'introduction en Algérie des animaux reproducteurs de race, et l'exportation du bétail;

5° La revente des immeubles sociaux, soit avant, soit après leur mise en valeur, avec ou sans lotissements préalables, et ce par voie de vente, échange et autrement;

6° La Société pourra également créer des centres agricoles, former des cheptels, commandites, ou s'intéresser dans toute affaire ayant pour but l'élevage du bétail, la culture et l'égrenage des cotons ou toutes autres industries agricoles; entreprendre des travaux de défrichements, reboisements, etc.; faire en un mot tout ce qui se rattache et peut contribuer au développement de l'industrie agricole et pastorale en Algérie, notamment dans la province d'Oran.

ART. 3.

La Société prend pour titre :

COMPAGNIE AGRICOLE ORANAISE, *Société à responsabilité limitée.*

ART. 4.

Son siége est fixé à Paris.

Les opérations agricoles auront lieu dans la province d'Oran.

ART. 5.

Sa durée est provisoirement fixée à 20 années consécutives, à partir de sa constitution définitive.

## TITRE II.

### Fonds social. — Actions. — Versements.

ART. 6.

Le fonds social est fixé à 1,200,000 francs, divisé en 2,400 actions de 500 francs chacune.

ART. 7.

Les titres d'actions sont nominatifs jusqu'à entière libération.

Les titres entièrement libérés sont nominatifs ou au porteur, au choix des actionnaires.

Les actions au porteur se transmettent par la simple tradition du titre.

La cession des actions nominatives s'opère par une déclaration de transfert signée du cédant et du cessionnaire, ou de leurs mandataires, et inscrite sur les registres de la Société, avec le visa d'un administrateur ou de toute autre personne ayant une délégation spéciale à cet effet.

Ce transfert est mentionné sur le titre par les soins de la Société.

La Société peut exiger que la signature et la capacité des parties soient certifiées par un agent de change ou par un officier ministériel, pour chaque convention ou transfert d'action nominative.

ART. 8.

Tous les titres d'actions sont extraits d'un registre à souche, numérotés, frappés du timbre de la Compagnie et revêtus de la signature de deux administrateurs.

ART. 9.

Tout actionnaire peut déposer ses titres dans la caisse sociale ; il lui est délivré en échange un récépissé nominatif, dans les formes et conditions qui sont réglées par le Conseil d'administration.

ART. 10.

Chaque action donne droit :

1° A une part proportionnelle, soit 1/2400, dans la propriété ;

2° A un intérêt et à une part dans les bénéfices déterminés par l'article 50 ci-après.

ART. 11.

Toute action est indivisible, et la Société ne reconnaît qu'un propriétaire pour une action.

ART. 12.

Les droits et obligations attachés à l'action suivent le titre, en quelque main qu'il passe. En conséquence, les dividendes de toute action, soit nominative, soit au porteur, sont valablement payés au possesseur du titre.

La possession d'une action emporte de plein droit adhésion aux statuts de la Société et aux décisions de l'Assemblée générale.

ART. 13.

Les héritiers ou créanciers d'un actionnaire ne peuvent, sous quelque prétexte que ce soit, provoquer l'apposition des scellés sur les biens et valeurs de la Société, en demander le partage ou la licitation, ni s'immiscer d'aucune manière dans son administration; ils doivent, pour l'exercice de leurs droits, s'en rapporter aux inventaires sociaux et aux délibérations de l'Assemblée générale.

ART. 14.

Le montant des actions est payable à Paris, 125 francs avant la constitution de la Société; les 375 francs restants seront appelés selon les besoins de la Société, dans les termes et conditions qui seront fixés par le Conseil d'administration.

ART. 15.

Après le premier versement de 125 francs, il sera remis aux souscripteurs un titre définitif, nominatif et négociable.

Les souscripteurs primitifs et leurs cessionnaires sont, jusqu'au payement intégral des actions, responsables du montant de leurs souscriptions.

ART. 16.

Tout versement en retard portera intérêt de plein droit en faveur de la Société, à raison de 6 pour 100 par an, à compter du jour de l'exigibilité, sans demande en justice.

ART. 17.

A défaut de versement à l'échéance, les numéros des titres en retard seront publiés dans les journaux désignés pour les insertions légales.

Quinze jours après cette publication, la Société aura le droit de faire procéder à la vente des actions, par le ministère d'un agent de change, pour le compte et aux risques et périls du retardataire.

Cette vente pourra être faite en masse ou en détail, soit un même jour, soit à des époques successives, sans mise en demeure, sans aucune formalité judiciaire et sans égard pour les délais de distance.

Les titres d'actions ainsi vendus deviendront nuls de plein droit; il en sera délivré aux acquéreurs de nouveaux sous les mêmes numéros.

Tout titre qui ne portera pas mention régulière des versements exigibles cessera d'être négociable.

Cette condition sera mentionnée sur les titres d'actions.

Les mesures autorisées par le présent article ne feront pas obstacle à l'exercice simultané, par la Compagnie, des moyens ordinaires de droit.

ART. 18.

Le prix provenant de la vente, déduction faite des frais, appartiendra à la Compagnie et s'imputera, dans les termes de droit, sur ce qui sera dû à la Compagnie par l'actionnaire, lequel restera passible de la différence, s'il y a déficit, mais profitera de l'excédant, s'il en existe.

ART. 19.

Les actionnaires ne sont engagés que jusqu'à concurrence du montant de chaque action ; au delà, tout appel de fonds est interdit.

## TITRE III.

### Apports.

ART. 20.

M. CHARLES BONFORT, propriétaire, apporte à la Societé :

1° Les vastes domaines de Temsalmet et de Bredeah, d'une contenance d'environ 2,400 hectares en excellentes terres de culture et de parcours, en partie boisés, situés à 18 kilomètres d'Oran, sur la grande route de Tlemcen, sur lesquels sont édifiés quatre établissements principaux formant quatre fermes, avec bergeries, parcs et étables, logements de maître et des ouvriers, bassins, norias, etc., etc.

Ils comprennent des terres arrosables, des prairies arrosées, de grands jardins (environ 11 hectares) en plein rapport, complantés de citronniers, orangers, bananiers, amandiers, vignes, potagers, luzernières, etc.

(*Suivent à l'acte la consistance, le détail et l'origine de ces propriétés.*)

2° Tout le mobilier industriel, instruments aratoires, matériel agricole, etc., etc., utiles à l'exploitation, ainsi que tout le bétail, les troupeaux, les récoltes en grange et sur pied, qui existent dans les quatre grandes fermes qui dépendent de ces domaines, actuellement en pleine exploitation.

ART. 21.

En représentation de ces apports, il sera attribué à M. Charles Bonfort, savoir :

Cinq cents actions totalement libérées, et quatre cents actions libérées du premier versement de 125 francs, en représentation des immeubles composant le premier apport.

Et en représentation du mobilier industriel, composant le deuxième apport, une somme égale à la valeur desdits objets, telle qu'elle sera fixée par des experts choisis l'un par M. Bonfort, l'autre par le Conseil d'administration, ou nommés par le tribunal d'Oran, lesquels, en cas de désaccord, s'adjoindront un troisième expert. Cette somme ainsi fixée sera fournie à M. Bonfort en actions libérées de la Société, ou en argent, à son choix.

Les actions désignées ci-dessus attribuées à M. Ch.

Bonfort en représentation de son apport immeuble, ne lui seront remis qu'après l'accomplissement des formalités de transcription et de purge légale, sans inscription ou à charge de rapport des mainlevées et certificats de radiation des inscriptions que révéleraient ces immeubles; la Société devant recevoir les immeubles compris audit apport, francs et quittes de toutes dettes et hypothèques.

## TITRE IV.

### Conseil d'administration.

#### Art. 22.

La Société est administrée par un Conseil. Les opérations sont soumises à l'examen d'un ou de plusieurs commissaires.

Le Conseil d'administration se compose de cinq membres au moins et de dix membres au plus, nommés par l'Assemblée générale des actionnaires.

Ils doivent, conformément à la loi, être propriétaires, pour égales parts et pendant toute la durée de leur mandat, d'un nombre d'actions représentant le vingtième du fonds social émis.

Ces actions sont inscrites au nom de chaque administrateur, déposées dans la caisse de la Société, pour demeurer affectées à la garantie de sa gestion. Elles sont nominatives, inaliénables, et frappées d'un timbre indiquant l'inaliénabilité.

ART. 23.

Le Conseil d'administration se renouvelle par cinquième, chaque année.

Les membres sortants sont désignés par le sort pendant les quatre premières années, et ensuite par l'ordre d'ancienneté.

Ils peuvent toujours être réélus.

ART. 24.

Les administrateurs et les commissaires reçoivent des jetons de présence, dont l'Assemblée générale fixe la valeur, et dont le montant est prélevé sur la part des bénéfices réservés aux administrateurs, ainsi qu'il sera dit à l'article 50.

ART. 25.

Les administrateurs ne sont responsables que du mandat qu'ils ont reçu.

Ils ne contractent, à raison de leur gestion, aucune obligation personnelle ni solidaire, relativement aux engagements de la Société.

ART. 26.

Chaque année, le Conseil d'administration nomme parmi ses membres un président et un secrétaire.

En cas d'absence du président, le Conseil d'administration désigne pour chaque séance celui des membres présents qui doit le remplacer.

Le président et le secrétaire peuvent être réélus.

ART. 27.

Le Conseil d'administration se réunit au siége social aussi souvent que l'intérêt de la Société l'exige, et au moins une fois par mois.

ART. 28.

La présence de quatre membres au moins est nécessaire pour la composition régulière du Conseil.

Lorsque quatre membres seulement sont présents, les résolutions doivent être votées au moins à la majorité de trois voix.

ART. 29.

Les délibérations sont prises à la majorité des membres présents; en cas de partage, la voix du président est prépondérante.

Nul ne peut voter par procuration dans le sein du Conseil.

ART. 30.

Les délibérations sont constatées par des procès-verbaux inscrits sur des registres tenus au siége de la Société et signés par le président et le secrétaire.

Les copies et extraits des délibérations à produire en justice ou ailleurs sont certifiés par le président ou l'administrateur qui le remplace.

ART. 31.

Le Conseil d'administration nomme et révoque le directeur de la Compagnie, les agents et employés, fixe leur traitement et leurs attributions.

Il approuve les règlements relatifs à l'organisation et à la marche des services de la Société.

Il statue, en un mot, sur tous les intérêts de la Société.

Art. 32.

Le Conseil d'administration peut, lorsqu'il le juge utile, déléguer une partie de ses pouvoirs à quelques-uns de ses membres.

## TITRE V.

### Directeur.

Art. 33.

Le directeur est nommé par le Conseil d'administration; il est chargé d'une manière permanente de la gestion des intérêts agricoles et autres, dans la province d'Oran.

Art. 34.

Il devra, chaque quinzaine, envoyer un rapport sur les opérations qui se feront. Il nommera par délégation du Conseil d'administration tous les employés dont il aura besoin en Algérie, et prendra tous journaliers et autres. Il pourra déléguer, par procuration authentique, à un ou plusieurs de ses employés, après agrément du Conseil d'administration, le pouvoir de signer tous actes, titres, lettres de change, correspondances, acquits ou endossements.

Art. 35.

Vu l'importance des fonctions du directeur, il devra être propriétaire de 200 actions libérées, nominatives, qui resteront pendant sa gestion déposées dans la caisse de la Société.

## TITRE VI.

### Commissaires. — Comité local.

ART. 36.

Il est nommé, chaque année, par l'Assemblée générale des actionnaires, un ou plusieurs commissaires associés ou non.

Les commissaires sont chargés d'examiner les opérations de la Société, ils vérifient les états trimestriels que les administrateurs doivent mettre à leur disposition, résument la situation active et passive de la Compagnie, les comptes annuels et le bilan présentés par les administrateurs, et font à ce sujet un rapport à l'Assemblée générale. Ce compte doit être remis au directeur, de manière que celui-ci puisse, quinze jours avant la réunion, adresser à chacun des associés et déposer au greffe du Tribunal de commerce une copie de ce rapport et du bilan résumant l'inventaire.

Les livres, la comptabilité et généralement toutes les écritures sociales doivent être communiqués à toute réquisition.

Ils peuvent, à quelque époque que ce soit, vérifier l'état de la caisse et du portefeuille.

Ils ont le droit, quand leurs décisions sont prises à la majorité, de requérir une convocation extraordinaire de l'Assemblée générale.

Si l'Assemblée générale trouve opportun de choisir un seul commissaire, il est investi des attributions et jouit de toutes les prérogatives conférées aux commissaires par les divers articles des présents statuts.

ART. 37.

Il pourra être constitué un comité local, dont le Conseil d'administration déterminera, par un règlement spécial, les attributions.

Ce comité, choisi de préférence parmi les intéressés qui résideront à Oran, veillera à l'exécution des ordres transmis au directeur par le Conseil d'administration. Il tiendra la main à ce que, sur un livre journal, toutes les opérations de l'exploitation agricole soient exactement enregistrées, cela sans détriment des autres livres de comptabilité qui seront jugés nécessaires. Il aura soin de faire expédier chaque mois, au siége de la Société, une copie de ce journal pour le mois écoulé; il fera fournir tous les trimestres un état de situation.

## TITRE VII.

### Assemblées générales.

ART. 38.

Une Assemblée génerale des actionnaires aura lieu chaque année, au lieu et au jour désignés par le Conseil d'administration.

Des Assemblées générales extraordinaires peuvent être convoquées, soit par le Conseil d'administration, toutes les fois qu'il le jugera convenable, ou qu'il en sera requis par une réunion d'actionnaires propriétaires de la moitié du fonds social, soit par les commissaires, ainsi qu'il a été dit à l'article 37.

Les convocations aux Assemblées sont faites au moins un mois à l'avance, par un avis inséré dans les journaux désignés pour les annonces légales, à Paris et à Oran.

Les propriétaires d'actions nominatives sont en outre prévenus par lettre.

ART. 39.

L'Assemblée générale, régulièrement constituée, représente l'universalité des actionnaires.

Elle se compose des actionnaires propriétaires de dix actions, inscrits quinze jours avant la réunion ordinaire ou extraordinaire de l'Assemblée.

Les actionnaires inscrits sur les registres de la Société pour faire partie de l'Assemblée générale ordinaire ou extraordinaire, devront effectuer le dépôt de leurs actions dans la caisse sociale, ou dans les caisses qu'aura désignées le Conseil d'administration, contre un récépissé qui sert de carte d'entrée.

Les actions ne seront admises que libérées des appels faits jusqu'alors.

Nul ne peut se faire représenter aux Assemblées générales que par un actionnaire ayant lui-même droit d'y assister.

ART. 40.

Les Assemblées générales sont régulièrement constituées lorsqu'elles réunissent le quart au moins du capital social.

ART. 41.

Si cette condition n'est pas remplie sur une première convocation, il en est fait immédiatement une seconde, et les membres présents à cette deuxième réunion délibéreront valablement, quel que soit leur nombre, mais seulement sur les affaires à l'ordre du jour de la première. La carte d'admission délivrée pour la première assemblée est valable pour la seconde.

### Art. 42.

L'Assemblée est présidée par le président du Conseil d'administration, et à son défaut par celui des membres du Conseil que ses collègues auront désigné.

Les fonctions de scrutateur sont remplies par les deux plus forts actionnaires présents, et sur leur refus, par ceux qui viennent après eux jusqu'à acceptation.

Le bureau ainsi constitué désigne le secrétaire.

### Art. 43.

L'ordre du jour est arrêté par le Conseil d'administration.

Tout actionnaire qui désire soumettre une proposition à l'Assemblée générale devra s'adresser dix jours d'avance au Conseil d'administration, qui décidera, s'il y a lieu, de la porter à l'ordre du jour.

Mais toute question dont la mise à l'ordre du jour aurait été réclamée dix jours avant l'Assemblée par cinq actionnaires au moins propriétaires du vingtième du fonds social, doit y être inscrite.

Aucun autre objet que ceux à l'ordre du jour ne peut être mis en délibération.

### Art. 44.

Les décisions sont prises à la majorité des voix des membres présents; en cas de partage, la voix du président est prépondérante.

Chaque membre de l'Assemblée aura un vote par dix actions jusqu'à cent actions ou dix votes; au delà, il aura un vote de plus par chaque vingt actions au-dessus des cent premières.

### Art. 45.

L'Assemblée générale entend le rapport du Conseil d'administration sur les affaires sociales. Elle entend également le rapport du ou des commissaires sur la situation de la Société, sur le bilan et sur les comptes présentés par les administrateurs.

Elle discute, approuve ou rejette les comptes.

Elle fixe le dividende.

Elle nomme les administrateurs, toutes les fois qu'il y a lieu de les remplacer.

Elle choisit le ou les commissaires chargés de faire le rapport à l'Assemblée générale de l'année suivante et de remplir les fonctions determinées par l'article 37.

Elle délibère sur les propositions du Conseil d'administration.

Elle peut autoriser la fusion de la présente Société avec toute autre Société. Elle peut également autoriser la création d'obligations de la Société, garanties sur les immeubles et dans la forme qui sera proposée par le Conseil d'administration.

Enfin, elle confère par ses délibérations au Conseil

d'administration les pouvoirs nécessaires pour les cas qui n'auraient pas été prévus.

ART. 46.

L'Assemblée générale, régulièrement constituée, représente l'universalité des actionnaires. Les délibérations prises conformément aux statuts obligent tous les actionnaires, même absents ou dissidents.

ART. 47.

Une feuille de présence, énonçant les noms et domiciles des actionnaires membres de l'Assemblée, et le nombre d'actions dont chacun d'eux est propriétaire, certifiée par le bureau de l'Assemblée, demeure annexée à la minute du procès-verbal; cette feuille de présence doit être communiquée au siége de la Société à toute personne qui le requiert.

ART. 48.

La justification à faire, vis-à-vis des tiers, des délibérations de l'Assemblée résulte des copies ou extraits certifiés conformes par le président du Conseil d'administration ou l'administrateur appelé à le remplacer.

## TITRE VIII.

### Etats annuels et Inventaires.

ART. 49.

Indépendamment des états trimestriels, résumant la situation active et passive de la Société, qui sont mis à la disposition du ou des commissaires, il est établi, chaque année, un inventaire contenant l'indication des valeurs mobilières et immobilières et de toutes les dettes actives et passives de la Société.

L'année sociale commence le

et finit le

Les comptes sont arrêtés par le Conseil d'administration.

Tout actionnaire peut prendre, au siége social, communication de l'inventaire et de la liste des actionnaires.

L'Assemblée générale, après avoir entendu le rapport du Conseil d'administration et des commissaires, approuve ou rejette les comptes et fixe le dividende.

## TITRE IX.

### Partage des bénéfices.

#### Art. 50.

Les produits nets de l'exploitation, y compris les bénéfices réalisés sur les reventes d'immeubles, déduction faite de toutes les charges, constitueront les bénéfices annuels.

Sur les bénéfices annuels de chaque exercice, il sera prélevé d'abord 6 pour 100 du capital versé pour être distribué au capital, à titre d'intérêts.

5 pour 100 du surplus, soit un vingtième, sera ensuite prélevé pour former le fonds de réserve.

Et enfin, l'excédant sera réparti ainsi qu'il suit :

10 pour 100 aux administrateurs, 15 pour 100 au

directeur, et l'excédant, c'est-à-dire 75 pour 100, aux 2,400 actions représentant le capital social à titre de dividende et à raison de 1/2400 par action.

Le payement des intérêts et dividendes se fera annuellement, aux époques fixées par le Conseil.

ART. 51.

Tout dividende qui n'est pas réclamé dans les cinq ans de son exigibilité est prescrit au profit de la Société.

## TITRE X.

### Fonds de réserve.

ART. 52.

Le fonds de réserve se compose de l'accumulation des sommes produites par le prélèvement opéré sur les bénéfices, en exécution de l'article 51.

Lorsque le fonds de réserve aura atteint le dixième du fonds social, le prélèvement affecté à sa création pourra cesser de lui profiter, sur une décision du Conseil d'administration; il reprendra son cours, si la réserve venait à être entamée.

En cas d'insuffisance des produits d'une année pour fournir 6 pour 100 par action, la différence pourra être prélevée sur le fonds de réserve.

L'emploi des capitaux appartenant au fonds de réserve est réglé par le Conseil d'administration.

## TITRE XI.

### Modifications aux statuts.

#### Art. 53.

Le Conseil d'administration, quand il le jugera convenable aux intérêts sociaux, pourra proposer les modifications qu'il jugera nécessaires aux statuts.

Lorsque l'Assemblée générale est appelée à voter sur les modifications aux statuts, sur des propositions de continuation de la Société, au delà du terme fixé pour sa durée ou de dissolution avant ce terme, les avis de convocation doivent contenir l'indication sommaire de l'objet de la réunion.

La délibération n'est valable qu'autant que la moitié des actions émises se trouve représentée.

Le Conseil d'administration pourra également proposer à l'Assemblée générale l'augmentation du fonds social. Les nouvelles actions seront de préférence réservées aux porteurs des anciennes.

## TITRE XII.

### Dissolution. — Liquidation.

#### Art. 54.

En cas de perte d'un quart du capital social, les administrateurs devront provoquer la réunion de l'Assemblée générale, afin de statuer sur la continuation ou sur la dissolution de la Société, et cela sans préjudice de l'application de l'article 20 de la loi du 23 mai 1863.

ART. 55.

A l'expiration de la Société, ou en cas de dissolution anticipée, toutes les valeurs mobilières et les valeurs immobilières, de quelque nature qu'elles soient, seront réalisées pour rembourser le capital versé ; l'excédant sera porté au compte de profits et pertes pour être réparti tout comme les résultats annuels.

L'Assemblée générale, sur la proposition du Conseil d'administration, pourra adopter tel mode de liquidation qui paraîtra le plus utile, nommera au besoin un ou plusieurs liquidateurs.

Les liquidateurs pourront, en vertu d'une délibération de l'Assemblée générale, faire le transport à une autre Société des droits, actions et obligations de la Compagnie dissoute.

Pendant le cours de la liquidation, les pouvoirs de l'Assemblée générale se continuent comme pendant l'existence de la Société.

Elle a notamment le droit d'approuver les comptes de la liquidation et d'en donner quittance.

La nomination des liquidateurs met fin aux pouvoirs des administrateurs et de tous mandataires.

## Contestations.

ART. 56.

Toutes les contestations qui pourraient s'élever pendant la durée de la Société, soit entre les actionnaires eux-mêmes, à raison des affaires sociales, seront jugées conformément à la loi.

Dans le cas de contestations, tout actionnaire doit faire élection de domicile à Paris, et toutes les notifications et assignations seront valablement faites au domicile par lui élu, sans avoir égard à la distance du domicile réel.

A défaut d'élection de domicile, cette élection aura lieu de plein droit pour les notifications judiciaires, au parquet de M. le procureur impérial, près le tribunal de première instance de Paris.

### Dispositions transitoires.

La première Assemblée générale se réunira, sur la convocation des fondateurs, dans la quinzaine qui suivra la souscription du capital social.

Tous les actionnaires y seront convoqués et auront voix délibérative, conformément à la loi.

Elle ne sera valablement constituée qu'autant qu'elle réunira la moitié, au moins, du capital social.

Elle ratifiera les statuts, nommera les administrateurs et le ou les commissaires.

Elle constatera la sincérité des souscriptions et des versements, et le procès-verbal constatera l'acceptation des administrateurs et du ou des commissaires présents à la séance.

La constitution de la présente Société est ajournée

jusqu'à l'accomplissement des formalités prescrites par la loi du 23 mai 1863.

Pour faire publier ces présentes, tous pouvoirs sont donnés au porteur d'une expédition ou d'un extrait.



Paris. — Typographie HENNUYER ET FILS, rue du Boulevard, 7.

www.ingramcontent.com/pod-product-compliance
Ingram Content Group UK Ltd.
Pitfield, Milton Keynes, MK11 3LW, UK
UKHW021653260726
13994UKWH00003B/1451